BEI GRIN MACHT SICH IHR
WISSEN BEZAHLT

- Wir veröffentlichen Ihre Hausarbeit,
  Bachelor- und Masterarbeit

- Ihr eigenes eBook und Buch -
  weltweit in allen wichtigen Shops

- Verdienen Sie an jedem Verkauf

Jetzt bei www.GRIN.com hochladen
und kostenlos publizieren

Benedikt Jung

Entstehung und Behandlung von Diabetes mellitus Typ 1 und Typ 2

GRIN Verlag

Bibliografische Information der Deutschen Nationalbibliothek:

Die Deutsche Bibliothek verzeichnet diese Publikation in der Deutschen National-
bibliografie; detaillierte bibliografische Daten sind im Internet über http://dnb.d-
nb.de/ abrufbar.

Impressum:

Copyright © 2013 GRIN Verlag GmbH
Druck und Bindung: Books on Demand GmbH, Norderstedt Germany
ISBN: 978-3-656-46818-9

Dieses Buch bei GRIN:

http://www.grin.com/de/e-book/230488/entstehung-und-behandlung-von-diabetes-
mellitus-typ-1-und-typ-2

GRIN - Your knowledge has value

Der GRIN Verlag publiziert seit 1998 wissenschaftliche Arbeiten von Studenten, Hochschullehrern und anderen Akademikern als eBook und gedrucktes Buch. Die Verlagswebsite www.grin.com ist die ideale Plattform zur Veröffentlichung von Hausarbeiten, Abschlussarbeiten, wissenschaftlichen Aufsätzen, Dissertationen und Fachbüchern.

Besuchen Sie uns im Internet:

http://www.grin.com/

http://www.facebook.com/grincom

http://www.twitter.com/grin_com

Diabetes mellitus:
Ursachen, Symptome und Behandlung

Projektarbeit Pharmakologie Q1

Benedikt Jung

Inhaltsverzeichniss

Verzeichnis verwendeter Fachbegriffe und Abkürzungen

Adipositas: Fettleibigkeit, krankhaftes Übergewicht. Aus dem lateinischen (adeps=fett) in verschiedene Schweregrade unterteilt. Ab einem BMI von 30 kg/m^2 handelt es sich um Adipositas Grad I, ab 35 kg/m^2 um Adipositas Grad II und bei einem BMI größer als 40 kg/m^2 handelt es sich um Adipositas Grad III. Dabei steigt das Risiko an Begleit- und Folgeerkrankungen.

Autoimmunkrankheit: durch die Fehlsteuerung des eigenen Immunsystems ausgelöste Zerstörung körpereigener Zellen durch Autoantikörper. Von denen als fremd erkannten Zellen sind primär Drüsen betroffen.

Dawn-Phänomen: bezeichnet die morgendliche Erhöhung des Blutzuckerspiegels durch Gegenspieler des Insulins

Exsikkose: Austrocknug des Körpers durch verschiedene Ursachen

Glukoneogenese: Neubildung von Glukose zwischen den Mahlzeiten aus verschiedenen Aminosäuren, Laktat sowie Glycerol (Abbauprodukt des Fettstoffwechsels). Dies passiert überwiegend in der Leber und zu 10 bis 20 Prozent in der Niere.

Glukosurie: vermehrte Ausscheidung von Glukose(> 15 mg/dl; 0,8 mmol/l) über den Harn durch die Niere.

HBA1c: glykolisiertes Hämoglobin, welches chemisch mit Zuckerresten verknüpft ist. Dieser Prozess ist unabhängig von Enzymen und kann deshalb etwas über den mittleren Blutzuckerspiegel der letzten drei Monaten aussagen. Die Zeitspanne ist durch die Halbwertszeit von bis zu drei Monaten limitiert.

Hyperglykämie: umgangssprachlich auch Überzuckerung genannt. Es tritt eine erhöhte Konzentration von Glukose (> 140mg/dl; 7,8 mmol/l) im Blut auf.

Hypoglykämie: umgangssprachlich auch Unterzuckerung genannt. Es kommt zu einer verminderten Konzentration von Glukose (<70 mg/dl; 3,9 mmol/l) im Blut.

Insulinresistenz: verringerte Empfindlichkeit von Zellen auf das Hormon Insulin, sodass zum Erreichen einer bestimmten Insulinwirkung eine größere Menge von Insulin erforderlich ist.

Insulinsekreteion: Abgabe von Insulin aus den Beta-Zellen der Bauchspeicheldrüse, abhängig vom Glukoselevel im Blut.

Kapillär: betrifft die feinsten Verästlungen der Blutgefäße (Kapillaren).

Kontraindikation: Gegenanzeige; in der Medizin ein Faktor oder Zustand, welcher bestimmte diagnostische oder therapeutische Maßnahmen (Verabreichung eines Medikaments) verbietet oder einschränkt.

Metabolisches Syndrom: Sammelbegriff für nicht klar definierte Stoffwechselveränderungen, welche als Risikofaktor für verschiedene Herz- und Kreislauferkrankungen angesehen werden. Adipositas, Bluthochdruck, veränderte Blutfettwerte und eine Insulinresistenz gelten als wichtigste Symptome.

Monotherapie: Behandlung mit nur einem Medikament

Polyurie:: stark erhöhte Urinausscheidung

Rebsorption: bezeichnet die erneute Aufnahme von bereits ausgeschiedene Stoffen und Substanzen zum Beispiel in der Niere

1.Einleitung

Diabetes mellitus hat sich in den letzten Jahrzehnten zu einer der häufigsten Volkskrankheiten in den Industrieländern entwickelt. Besonders in Mitteleuropa und Nordamerika ist ein großer Anteil der Bevölkerung betroffen. Dabei stellt die Stoffwechselkrankheit, welche aus einer Unterversorgung der Zellen mit Glukose durch einen Insulinmangel resultiert, einen großen finanziellen Aufwand für das Gesundheitssystem und eine starke Einschränkung der Lebensqualität dar. Es herrschen in der Bevölkerung viele Unsicherheiten über diese Krankheit, sodass einige Gruppen eine falsche Prophylaxe betreiben, während andere Gruppen Diabetes komplett ignorieren. Sie passen ihre Lebensgewohnheiten überhaupt nicht zur Prävention an und unterschätzen dabei die Stoffwechselerkrankung und ihre Folgen komplett. Oft wird sogar schon nach Auftreten von Diabetes der Behandlungsplan nicht eingehalten, da Diabetes keine unmittelbaren Schmerzen zur Folge hat und viele Maßnahmen eine gewisse Eigeninitiative verlangen. Deshalb will ich im folgenden die Ursachen und somit eine mögliche Prophylaxe erläutern und auf die gegenwärtigen Therapiemöglichkeiten eingehen. Um verstehen zu können wie die Therapie funktioniert werde ich zuerst auf die Ursachen dieser Stoffwechselerkrankung eingehen, dann die Therapieziele erläutern und schließlich die bestehenden Behandlungsmöglichkeiten in den unterschiedlichen Kategorien erläutern. Im Rahmen der Facharbeit thematisiere ich sowohl Typ-1-Diabetes als auch auf Typ-2-Diabetes .

2.Verbreitung

Laut der internationalen Diabetes-Förderation litten im Jahre 2010 weltweit etwa 285 Millionen Menschen an dieser Erkrankung, wobei deren Anzahl insbesonders in den Schwellen- und Entwicklungsländern zunimmt.[1]. 9 Prozent der Erwachsenen waren in Deutschland 2009 von Diabetes betroffen, was eine bedeutende Steigerung im Vergleich zum Jahre 2003 darstellt, da damals nur 6,1 Prozent diese Krankheit hatten. Hierbei liegt der Anteil der Typ-2-Diabetikerinnen im Jahre 2009 mit 9,3 Prozent etwas höher als der Anteil der Männer (8,2 Prozent). Typ 2 Diabetes macht 95% der Diabetiker aus und ist somit in Deutschland viel weiter verbreitet als Typ 1 Diabetes. Da es sich um eine Krankheit mit nicht ganz eindeutigen Symptomen und einem schleichenden Krankheitsverlauf handelt, wird die Dunkelziffer insbesonders bei der älteren

---

1 Vgl. http://www.diabetes-heute.uni
duesseldorf.de/fachthemen/entstehungausbreitungverbreitung/index.html?TextID=3836 (22.03.13)

3

Bevölkerung als relativ hoch eingeschätzt. Laut Studien liegt die Rate unerkannten Typ -2-Diabetes im Alter zwischen 55 und 74 Jahren genauso hoch wie die diagnostizierte Anzahl dieses Typs. Tendenziell erkranken immer häufiger auch jüngere Menschen an dieser Krankheit, weil Diabetes sehr eng mit Übergewicht/Adipositas einhergeht und diese Übergewichtigkeitsquote ständig ansteigt. Dagegen ist Typ 1 Diabetes viel seltener und prägt sich in der Regel in den Lebensjahren zwischen 10 und 15 aus. Im Gegensatz zum zweiten Typ leiden unter dem ersten Typ mehr Jungen als Mädchen, was sich an den insgesamt 30400 in Deutschland erkrankten Kindern und Jugendlichen unter 20 Jahren zeigt.[2]

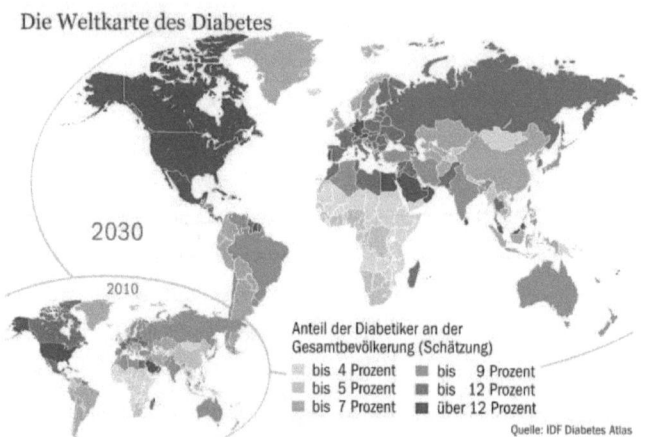

Abbildung 1: Prozentualer Anteil an Diabetikern weltweit

3.Ursachen und Risikofaktoren

3.1.Typ-1-Diabetes

Die Ursachen für Diabetes sind sehr unterschiedlich und variieren je nach Typ der Erkrankung. Diese sind noch nicht vollständig geklärt, jedoch hat man schon einige Ursachen identifizieren können.

Der Typ-1-Diabetes, auch Insulinmangel-Diabets, „jugendlicher Diabetes" oder IDDM (insulin dependent diabetes melitus) genannt, betrifft überwiegend Kinder und Jugendliche und wird in seinem gesamten Ursachenkomplex noch erforscht.[3] Man geht von einer Autoimmunkrankheit aus, welche sowohl durch genetische als auch, durch

---

2 Vgl. http://www.diabetesinformationsdienst-muenchen.de/erkrankungsformen/typ-2-diabetes/verbreitung/index.html (22.03.13)
3 Vgl. Geisler, Linus: Innere Medizin: Lehrbuch für Pflegeberufe. 19. Auflage. Stuttgart: W. Kohlhammer Verlag, 2006. S.479

exogene Faktoren beeinflusst wird. .

„Bisher sind mehr als 40 krankheitsrelevante Genorte bekannt"[4], wobei meist polygenetische Ursachen, also mehrere Veränderungen des Erbgutes, vorliegen. Aufgrund der genetischen Ursachen besitzen Menschen mit familiärer Belastung ein erhöhtes Risiko an Typ-1-Diabetes zu erkranken. Jedoch ist das Risiko der Vererbung und Ausprägung der Krankheit bei Typ-1-Diabetes viel geringer als bei Typ-2-Diabetes. Während erbgleiche

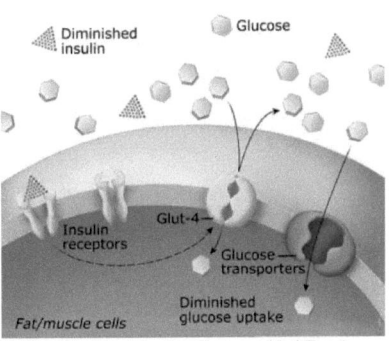

Abbildung 2: Absoluter Insulinmangel bei Typ-1-Diabetes

eineiige Zwillinge zu 50-90 Prozent an Typ-2-Diabetes erkranken, ist dies bei Typ-1-Diabetiker-Zwillingspärchen nur bei jedem Dritten der Fall. Immer entwickelt sich eine Reaktion des Immunsystems, welche meist durch Coxsackie-B-, Mumps-, Zytomegalie und Rötelvieren zustande kommt (Linis Geisler, innere Medizin,2006, s479). Wenn dann der Körper mit einem körperähnlichen Oberflächenprotein eines Antigens in Kontakt kommt, resultiert darraus eine Autoimmunreaktion. Hierbei wird dieses Antigen entweder durch zytoplasmatische Inselzell-Antikörper (ICA), Insulin-Autoantikörper (IAA), Antikörper gegen das Enzym Glutamatdecarboxylase (GADA) oder Antikörper gegen die Tyrosinkinase IA-2 (IA-2A) angegriffen. Als Nebeneffekt werden auch die Betazellen in den Langerhans'schen-Inseln der Bauchspeicheldrüse zerstört, da dort die Enzyme hergestellt werden, welche denen der Fremdkörper ähneln.[5]

Bei einem irreversiblen Zerstörungsgrad von 80-90 Prozent macht sich der Diabetes sichtbar, es wird nicht mehr genug Insulin produziert und es kommt zu einem absoluten Insulinmangel. Durch diesen absoluten Insulinmangel werden zu wenig Insulinrzeptoren durch Andockung des Hormons aktiviert, sodass über die Glukosetransporter zu wenig Glukose in die Zelle gelangt. Dadurch ist der Energiehaushalt, wie auch bei Typ-2-Diabetes gestört, gestört.

Weitere, unter anderem von der seit 2004 laufenden internationalen Teddy-Studie ermittelte, Umweltfaktoren sind im Verdacht Typ-1-Diabetes zu begünstigen :

---

4 Vgl. http://www.diabetes-heute.uni-duesseldorf.de/wasistdiabetes/grundlagen/index.html?
TextID=3781 (24.03.13)
5 Vgl. http://www.diabetes-deutschland.de/typ1diabetes.html (25.03.13)

-Frühzeitiger Glutenverzehr, welcher primär in Getreide enthalten ist, insbesonders vor dem 6. Monat, soll laut der deutschen BABYDIAB- und der der US-amerikanischen Daisy-Studie das Risiko an Typ-1-Diabetes zu erkranken deutlich erhöhen. Dies wurde unter anderm durch Tierversuche untermauert.

-Eine bakterienarme Umwelt erhöht das Risiko für eine Autoimmunkrankheit, da das Immunsystem über die Damflora nicht mehr optimal trainiert, beziehungsweise ausgebildet wird. Diese Hypothese wird insbesondere durch den signifikanten Anstieg an Typ-1-Diabetes, nach der Öffnung der Grenze zur DDR und der damit einhergehenden verbesserten hygienischen Bedingungen, unterstützt.

-Kinder, welche durch einen Kaiserschnitt zur Welt kamen, haben laut der BABYDIAB- und der TEENDIAB-Studie ein doppelt so hohes Risiko an Typ-1-Diabetes zu erkranken als normal Entbundene. Bei Kindern mit bestimmten Variationen des Gens IFIH1 (Interferon induced with helicase C domain 1) steigt das Risiko sogar um das Dreifache auf 9,1 Prozent (gegenüber 2,8 Prozent). Dies kommt durch die beim Eingriff zum Negativen veränderte Darmflora zustande. Hier wurde seltener die nützlichen Bifidusbakterien gefunden[6] [7]

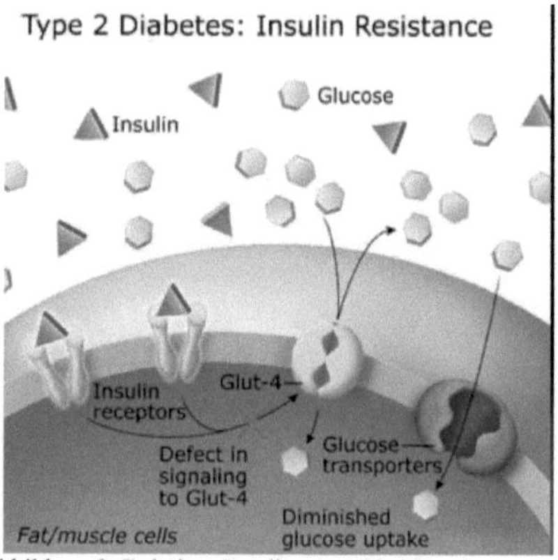

Abbildung 3: Relativer Insulinmangel bei Typ-2-Diabetes

3.2. Typ-2-Diabetes

Der Typ-2-Diabetes, auch nicht insulinbedürftiger Diabetes, Erwachsenen-Diabetes oder NIDDM (non insulin dependent diabetes melitus) genannt, betrifft überwiegend Erwachsene und ist der viel weiter verbreitete Typ Diabetes (Linis Geisler, innere Medizin,2006, s480). Neben Übergewicht sind Bewegungsmangel und die genetische Veranlagung die wichtigsten Risikofaktoren, da zu der angeborenen Insulinempfindlichkeit, die durch Ernährungs- und Bewegungsverhalten erworbene Insulinempfindlichkeit hinzukommt. Zu Beginn der Krankheit wird genug Insulin von

---

6   Vgl.http://www.diabetesinformationsdienst-muenchen.de/erkrankungsformen/typ-1-diabetes/risikofaktoren/index.html#c55274 (25.03.13)
7   Vgl.http://www.diabetes-heute.uni-duesseldorf.de/wasistdiabetes/grundlagen/index.html? TextID=3781 (2.04.13)

der Bauchspeicheldrüse produziert. Im Laufe der Zeit erhöht sich jedoch die zuvor schon angesprochene Insulinresistenz der Muskel-,Leber- und Fettzellen, sodass die Bauchspeicheldrüse durch vermehrte Insulinproduktion dies auszugleichen versucht. Das im Blut vorhandene Insulin wird aber nicht in die Zelle transportiert, wodurch im Gegensatz zu gesunden Menschen das Glukose Transportprotein (GLUT-4) nicht in die Zellmembran von Muskel- und Fettgewebe eingeschlossen wird, da das GLUT-4 von diesen Zellen herunter geregelt wird. Als Folge funktioniert die Signalübertragung zum Transport von Glukose in der Zelle nicht mehr, sodass der Zelle zu wenig Glukose zur Verfügung steht und in der Blutlaufbahn zuviel zurückbleibt.

Eine weiterer wichtiger Faktor ist, dass „das im Fettgewebe übergewichtiger Menschen in großen Mengen produzierte Retinol-bindende Protein 4 (RBP4) [welches] anscheinend die Insulinresistenz"[8] begünstigt. So ist es möglich dieses Protein als Risikomarker zur Vorhersage von Typ-2-Diabetes auch bei normalgewichtigen Menschen zu nutzen. Durch körperliche Betätigung sanken bei zwei Drittel der Probanden die RBP4 Werte und somit auch die Insulinresistenz, was auf neue Therapieansätze hoffen lässt.[9] Insgesamt herrscht dann eine sogenannte Hyperinsulinanämie vor,, das heißt eine erhöhte Konzentration des Hormons Insulin im Blut. Durch die Insulinresistenz kann es trotz eines normalen oder erhöhten Insulinspiegels im Blut zu einem erhöhten Blutzuckerspiegel kommen, da die Glukose ja nicht in die Zellen transportiert wird. Es tritt ein relativer Insulinmangel ein. Im späteren Krankheitsverlauf kann es auch wie bei Typ-1-Diabetes zu einem absoluten Insulinmangel auftreten, da die Insulin produzierenden Zellen durch die Insulinresistenz überbeansprucht werden, und letztendlich ihre Kapazität sinkt.[10]

Weitere nach dem aktuellen Forschungsstand wichtige Risikofaktoren sind:

-Die genetische Veranlagung ist bedeutend wichtiger als bei Typ-1-Diabetes. Töchter von Müttern, welche an Typ-2-Diabetes erkrankt waren haben eine 50 prozentige Chance an Diabetes zu erkranken, während bei der durchschnittlichen Bevölkerung nur ein 30 prozentiges Risiko besteht. Es müssen polygenetische Veränderungen des Erbgutes, also zum Beispiel bei der Glukosebildung in der Leber, der Betazellfunktion, oder der Insulinresistenz der Muskulatur vorliegen, sodass es zu einem erhöhten Gefahr kommt zu erkranken.

---

8   http://www.pharmazeutische-zeitung.de/index.php?id=1486 (02.04.13)
9   Vgl.http://www.aerzteblatt.de/nachrichten/24566/Serummarker-sagt-Diabetes-voraus-RBP4-wird-
    von-Fettzellen-gebildet (02.04.13)
10 Vgl. Grönemeyer, Dietrich: Grönemeyers neues Hausbuch der Gesundheit. 4. Auflage. Reinbek bei
    Hamburg: Rowohlt, 2008.S.389

-Übergewicht und körperliche Inaktivität tragen zu 90 Prozent zu Typ-2-Diabetes bei und steigern das Diabetesrisiko um das 5- bis 10-fache, wobei sich besonders Fettgewebe am Bauchraum (viszerales Fett) negativ auswirkt. Ein hohes Gewicht im geringeren Alter erhöht zusätzlich das Risiko zu erkranken.[10]

-Wenn das viszerale Fett eine erhöhte Insulinresistenz bildet, produziert es vermehrt Fettsäuren, welche größtenteils in den Leberzellen und nur geringfügig in den Skeletmuskelzellen eingelagert werden. Unter Einfluss von Insulin entstehen dann Triglyceride, welche sich reversibel in der Leber einlagern und zu einer nicht-alkoholischen Fettleber (Steatosis hepatis) beziehungsweise einer (NAFLD) Non-Alcoholic Fatty liver disease, führen.[11] Durch diese Fettleber können sich Merkmale des metabolischen Syndroms, wie Bluthochdruck, Übergewicht und Insulinresistenz manifestieren, welche als Risikofaktor für Diabetes gelten.

-Einige Nährstoffe und Lebensmittelgewohnheiten, wie zum Beispiel ein erhöhter Fleischkonsum stehen in Verdacht das Typ-2-Diabetes zu fördern. Es wird vermutet, dass ein resultierendes Überangebot an Nitrosaminen und Eisen die Insulinresistenz der Zellen verstärken kann. So wirken sich tierische als auch pflanzliche ungesättigte Fettsäuren besser auf das Diabetesrisiko aus als gesättigte Fettsäuren.[12]

4.Symptome

In der Regel entwickeln sich die Symptome von Typ-1-Diabetes innerhalb von weniger Tagen bis Wochen, während sich Typ-2-Diabetes meist langsam über einen Zeitraum von mehreren Jahren ausprägen. Trotzdem sind die meisten Symptome sehr ähnlich:

-Unspezifische Müdigkeit und Schwäche

-Heißhunger, Schwitzen, Kopfschmerzen bei einer temporären Hypoglykämie

-Polyurie und damit einhergehend eine Exikose und vermehrter Durst

-Sehstörungen, Potenzstörung, Ausbleiben der Menstruation

-Erhöhte Anfälligkeit für Infektionen sowie eine schlechte Wundheilung[13]

Sehstörungen, Potenzstörungen, Menstruationsstörung und die verschlechterte Wundheilung, vorallem in den Extremitäten, können schon Begleit- und Folgeerkrankungen der Diabetes indizieren.

5.Begleit- und Folgeerkrankungen

11 Vgl. Psychrembel, Willibald: Pschyrembel Klinisches Wörterbuch Buch. 262. Auflage. Boston: DE GRUYTER, 2010. S.654
12 Vgl. http://www.diabetesinformationsdienst-muenchen.de/erkrankungsformen/typ-2-diabetes/risikofaktoren/index.html
13 Vgl. Schoppmeyer, Maria-Anna: Innere Medizin : Prüfungswissen für Pflegeberufe. 3. Auflage. München: Urban und Fischer, 2003. S. 217f.

Bluthochdruck[14]	80%
Diabetische Retinopathie	24%
Neuropathie	23%
Arterielle Verschlusskrankheit	12%
Herzinfarkt	11%
Niereninsiffizienz	10%
Schlaganfall	7%
diabetisches Fußsyndrom	5%

Die häufigsten Ursache für diese Begleit- und Folgeerkrankungen sind, durch veränderte strukturbildende Eiweiße, verschlechterte Reparaturmechanismen der Gefäße und Ablagerungen von Makro Zuckermolekülen, welche die Durchblutung stören. Dadurch kann es insbesondere im späteren Verlauf der Krankheit zu weiteren Folgeerkrankungen kommen. Die Diabetischen Retionopathie ist die weit verbreitetste, ausschließlich durch Diabetes hervorgerufene Erkrankung. Dabei werden die feinen Blutgefäße der Netzhaut durch Bluthochdruck und durch Ablagerungen von chemisch veränderten Zuckermolekülen geschädigt, beziehungsweise verstopft, wodurch es zu einer Durchblutungsstörung der Netzhaut kommt. Man unterscheidet die nichtproliferative und die proliferative Form der Retinopathie. Bei der nichtproliferative Form sind die Veränderungen ausschließlich auf die Netzhaut begrenzt, und die Verschlechterung des Sehvermögens ist in der Regel nicht so stark ausgeprägt wie bei der proliferativen Form. Die proliferativen Retinopathie umfasst zudem die Neubildung von minderwertigen Blutgefäßen, welche eigentlich die Durchblutungsstörung beheben sollten. Jedoch kann es durch die zu geringe Wandstärke und Vernarbung der Blutgefäße zu noch stärkeren Einblutungen oder sogar zur Netzhautablösung, und somit zu vollständigen Erblindung führen. Bei frühzeitiger Behandlung kann der Verlauf und Ausgang der Erkrankung positiv beeinflusst werden.[15] Die diabetische Neuropathie entsteht meist vor dem Auftreten der ersten Diabetessymptome durch die Schädigungen der Nerven. Sie kann zu einer verringerter Sensibilität gegenüber von Schmerzen führen, aber auch zum Gegenteil, nämlich zu Schmerzen ohne physiologischen Grund. Zudem kann die Muskelkontrolle, besnoders in den Füßen, verringert werden. Äußerst gefährlich ist die Schädigung der Nerven des Herzens, da so Herzinfarkte lanciert werden.

---

14 http://www.diabetesde.org/fileadmin/users/Patientenseite/BILDER/Grafiken/Grafik_Diabetes_Endpu
nkte_Typ_2_F.pdf
15 Vgl. http://www.diabetes-ratgeber.net/diabetische-retinopathie (04.03.13)

9

Zusammen mit Bluthochdruck ist die Neuropathie die Hauptursache für das Diabetische Fußsyndrom. Das Diabetische Fußsyndrom, welches für zwei Drittel der in Deutschland durchgeführten Amputation verantwortlich ist, entsteht meist aus einer Kombination aus Nerven- und Durchblutungsstörungen. Häufigster Auslöser sind Druckstellen und Verletzungen am Fuß, welche aufgrund der Nervenschädigung oft nicht bemerkt werden. Durch eine gestörte Wundheilung kann es dann zu chronischen Verletzung kommen, welche mit offen Wunden und dem Absterben von Fußgewebe verbunden sind. Dieses Syndrom wird meist mit Entlastung, Verbänden oder mit Reinigung/Desinfektion der eventuell offenen Wunde behandelt. [16]

6.Diagnostik

Wenn ein Patient die typischen Diabetesymptome und/oder aufgrund von Veranlagung, Lebensweise, Alter oder Geschlecht ein erhöhtes aufweist, geht der behandelnde Arzt nach einem diagnostischen Flussschema der Deutschen Diabetes Gesellschaft vor (Abb.4). Als erstes wird der HbA1c-Wert ermittelt. Liegt dieser unter einem bestimmten Wert (< 5,7%;<39 mmol/mol), so kann Diabetes ausgeschlossen werden, während ab einem stark erhöhten Wert ($\geq$ 6,5%; $\geq$ 48 mmol/mol) sicher Diabetes diagnostiziert werden kann.[17] Jedoch existieren einige Faktoren, welche den HbA1c-Wert verfälschen können und so diese Messung kontraindizieren, sodass keine Rückschlüsse auf den langfristigen mittleren Blutzuckerspiegel möglich sind. Die folgenden Faktoren können zu einer Verfälschung der Ergebnisse führen:

-Veränderte Lebensdauer der Erythrozyten

-Abgewandelte relative Zusammensetzung der Hämoglobins durch andere Variationen

- Chemische Modifikationen von Hämoglobin

- Schwangerschaft

Im Falle einer erwarteten Verfälschung als auch bei einem HbA1c-Wert im Grenzbereich (5,7%-6,4%; 39-47 mmol/mol) muss eine Glukosemessung durchgeführt werden. Dies kann entweder durch eine Messung der Nüchtern-Plasmaglukose (NPG) oder der 2h-Plasmaglukose im oralen Glukosetoleranztesttest (OGTT) erfolgen. Im Falle der NPG wird der nüchterne Blutzuckerspiegel im Venenblut meist vor dem Frühstück ermittelt, wobei der Patient im Zeitraum von 8 Stunden keine Kalorien aufgenommen haben darf. Beim OGTT wird zwar zum Anfang auch der

---

16 Vgl. http://www.pharmazeutische-zeitung.de/index.php?id=2477 (04.03.12)
17 Vgl. http://www.aerztezeitung.de/medizin/krankheiten/diabetes/article/619652/diabetes-diagnose-einfacher.html (04.03.13)

Nüchternblutzuckerspiegel ermittelt, jedoch nimmt der Patient im Anschluss 75g in Wasser gelöste Glukose oral auf. In den nächsten 2 Stunden darf dieser weder Essen, sich körperlich betätigen oder etwas anderes außer Wasser trinken, bis erneut der Blutzuckerspiegel (mmol/l) ermittelt wird. Je nach Resultat dieser Tests kann entweder Diabetes ausgeschlossen, bestätigt oder eine Vorstufe von Diabetes festgestellt werden. Je nach Befund werden dann Maßnahmen ergriffen. Die Bestimmung des Harnzuckers wird aufgrund der zu großen Ungenauigkeit von Ärzten in der Regel nicht mehr durchgeführt.[18]

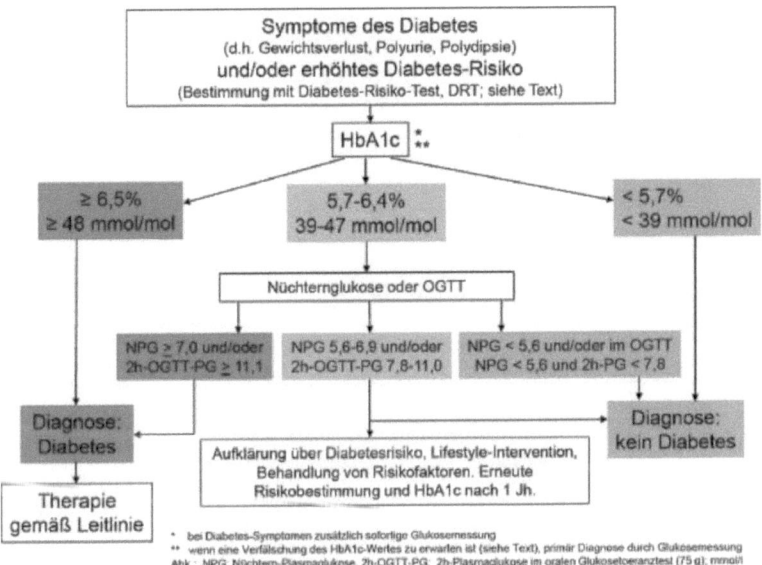

Abbildung 4: Diagnostisches Flussschema für Diabetes

7.Therapie

7.1Therapieziele

Die Therapieziele für Typ-1-Diabetes und Typ-2-Diabetes sind von der Deutschen Diabetes Gesellschaft definiert. In beiden Fällen soll hierbei die Minderung der Lebensqualität durch die Stoffwechselerkrankung verhindert werden. Bei Typ-1-Diabetes hängt es davon ab, inwiefern es möglich ist die verminderte Insulinproduktion des Körpers zu substituieren und Nebenwirkungen der Therapie und eventuell resultierende schwere Stoffwechselerkrankung oder Folgeschäden an anderen Organen

---

18 Vgl.http://www.dzd-ev.de/diabetes-die-krankheit/diagnose/index.html

wie Augen, Nieren, Herz oder Gefäßen zu verhindern.[19] Dies soll durch einen normnahen Blutzuckerspiegel erreicht werden. Mehr als die Hälfte der Zeit sollte dieser zwischen 80-120mg/dl, beziehungsweise bei 4,44-6,66 mmol/l liegen. Der Blutzuckerspiegel ist sehr schwankungsanfällig und unter anderem abhängig vom Essverhalten, Tageszeit und Ort der Blutabnahme (kapillär oder venös). Der HbA1c Index sollte so niedrig wie möglich sein (< 7,5 % ,58 mmol/mol), ohne dass die Gefahr einer Hyperglykämie entsteht.[20]

Ideale Therapieziele:
$HbA_1c < 6,5$ %
BZ: nüchtern und präprandial: 80–120 mg/dl (4,4–6,7 mmol/l)
Gesamt-Cholesterin < 180 mg/dl (< 4,7 mmol/l)
LDL < 100 mg/dl (< 2,6 mmol/l)
HDL > 45 mg/dl (> 1,2 mmol/l)
Triglyzeride < 150 mg/dl (< 1,7 mmol/l)
Albuminurie: < 20 mg/l
Progressionshemmung bei bestehender Nephropathie
Blutdruck:
RR < 130/< 85 mmHg
RR < 120/< 80 mmHg (sofern tolerierbar) bei Albuminurie > 20 mg/l
Nikotinverzicht
bei Übergewicht: Gewichtsreduktion anstreben

Abbildung 5: Therapieziele für Typ-2-Diabetes

Die Therapieziele für Typ-2-Diabetes unterscheiden sich aufgrund der unterschiedlichen Ursachen relativ deutlich von Typ-1-Diabetes. Obwohl auch bei der Therapie von Typ-2-Diabetes die Lebensqualität des Patienten im Vordergrund steht, so werden doch andere Blutwerte berücksichtigt, da diese oft mit Typ-2-Diabetes und dem Metabolischen Syndrom einhergehen, und erhöhter Blutdruck die eventuellen Spätfolgen insbesonders an den Augen, den Nieren und den großen Blutgefäßen verschlimmert.

Diese Therapieziele sind deshalb relevant, da sich durch eine Verbesserung beziehungsw+eise einer Verschlechterung der Blutwerte, die Insulinresistenz der Zellen entweder verringert oder vergrößert, das heißt die Insulinresistenz ist reversibel. Als Folge kann der Patient aktiv Typ-2-Diabetes entgegenwirken.

---

19 Vgl. http://www.deutsche-diabetes-
    gesellschaft.de/fileadmin/Redakteur/Leitlinien/Evidenzbasierte_Leitlinien/AktualisierungTherapieTy
    p1Diabetes_1_20120319_TL.pdf S.10 (07.03.13)
20 Vgl. Geisler S. 486

7.2.Nichtmedikamentöse Therapie (Basistherapie)

Diese Form der Therapie kommt bei den meist übergewichtigen Typ-2-Diabetikern zum Einsatz, bei denen die Stoffwechselkrankheit noch im Anfangsstadium ist. Bei einer Schulung des Patienten werden ihm eine gesunde Ernährung, Sofortmaßnahmen bei Unter- oder Überzuckerung und die Benutzung des Blutzuckerteststreifens beigebracht, aber auch körperliche Aktivität empfohlen. Es ist wichtig nicht nur die offensichtliche Zuckerzufuhr zu regulieren, sondern auch zu bedenken, dass Kohlenhydrate auch in Zucker umgewandelt werden, sodass der Typ-2-Diabetiker auch auf seine Kohlenhydrataufnahme achten muss. Deshalb sollte die tägliche Gesamtkalorienanzahl aus 50 % Kohlenhydraten, 25 % Fett und 25 % Eiweiß bestehen. Vor eventuelle Risikofaktoren wie Rauchen wird dem Patienten abgeraten und der behandelnde Arzt gibt Tipps und Empfehlungen zur Rauchentwöhnung. Auch der Alkoholkonsum sollte eingeschränkt werden, weil Alkohol die Glukogenese in der Leber hemmt, und so letztendlich die Gefahr einer Hypoglykkämie entstehen kann. In geringen Maßen ist der Alkoholkonsum dennoch erlaubt. Diese Basistherapie soll auch in den weiteren Therapiestufen angewandt werden.[21] [22]

7.3.Medikamentöse Therapie

7.3.1. Hauptgruppen der oralen Antidiabtika

Grundsätzlich lassen sich orale Antidiabetika, welche fast ausschließlich bei Typ-2-Diabetikern angewendet werden, in drei Gruppen unterteilen.

Nicht-beta-zytotrop wirkende Präparate haben keine Auswirkung auf die insulinproduzierenden Betazellen. Sie senken wie im Fall der Biguanide (Metformin), dem in Deutschland meist eingesetze Andiadiabetikums,[23] die Glukoseaufnahme im Darm, die Glukonneogense in der Leber und senken die Insulinresistenz der Zellen. Auch Glitazone verringern die Insulinresistenz, jedoch wird aufgrund der geringen Vorteile und der eventuellen Risiken vom Bundesinstitut für Arzneimittel und Medizinprodukte von der Einnahme abgeraten. Alpha-Glukosidase-Hemmer, welche ebenfalls zu dieser Hauptgruppe, gehören steigern nicht die Insulinsensitiviät der Zellen, sondern sie blockieren das Enzym Alpha-Glukosidase, welches Kohlenhydrate wie Stärke in einfache Glukosemoleküle aufspaltet, im Darm. Dadurch erhöht sich der

---

21 Vgl.http://www.focus.de/gesundheit/ratgeber/diabetes/therapie/tid-5692/diabetes-typ-2_aid_55729.html (02.04.13)
22 Vgl.http://www.internisten-im-netz.de/de_typ-2-diabetes-nichtmedikamentoese-therapie_400.html (02.04.13)
23 http://www.aerzteblatt.de/nachrichten/36839/Studie-Antidiabetikum-Metformin-staerkt-Tumorabwehr (02.04.13)

Blutzuckerspiegel nach Mahlzeiten langsamer, sodass es zu keiner Hyperglykämie kommt.

Beta-zytotrop wirkende Präparate, die zweite große Gruppe der Antidiabetika, fördern die Insulinsekretion der Beta-Zellen. Sulfonylharnstoffe, der zweithäufigst eingesetzte Arzneistoff für die Behandlung von Typ-2-Diabetes, als auch DPP-4 Hemmer gehören dieser Gruppe an. Sulfonylharnstoffe fördern unabhängig von Blutzuckerspiegel die Insulinsekretion, da sie den Ionenaustausch der Zelle beeinflussen. Dagegen wirken DPP-4-Hemmer durch die Veränderungen der enzymatischen Steuerung der Zelle. Das Hormon Glucagon-like Peptide 1 (GLP-1) steuert die Ausschüttung von Insulin und Glukagon je nach Blutzuckerspiegel. Zudem wird die Magenentleerung verlangsamt, wodurch letztendlich die Glukose langsamer in das Blut gelangt. Dadurch kommt es bei normaler Funktion weder zu einer Hyper- noch zu Hypoglykämie. Jedoch kann dieses GLP-1 durch das Enzym Dipeptidyl-Peptidase-4 (DPP-4) zu schnell abgebaut werden, sodass es seine zuvor genannten regulativen Funktionen nicht erfüllen kann. Um dem entgegenzuwirken hemmen DPP-4-Hemmer das DPP-4, sodass der Abbau von GLP-1 verlangsamt wird.[24]

SGLT-2-Hemmer sind die neuste Gruppe von oralen Antidiabetika. Sie sind noch im Erprobungsstadium, jedoch wurde 2012 das erste Medikament dieser Gruppe namens Forxiga® (Dapagliflozin) von dem Gremium der Europäischen Arzneimittel-Agentur EMA zugelassen.[25] Weitere Medikamente sind in der fortgeschrittenen Testphase angekommen. Alle haben gemeinsam, dass sie das Carrier-Protein SGLT-2 (sodium-glucose linked transporter 2) blockieren, welches Glukose und Natrium in der Niere aus dem Primärhahn reabsorbiert. Dadurch kommt es zu einer erhöhten Glukoseausscheidung mit dem Harn und zu einem niedrigeren Blutzuckerspiegel mit dem Nebeneffekt des Kalorienverlustes. Das Risiko einer Hypoglykämie ist im Rahmen einer Monotherapie nicht erhöht, jedoch wurde in Kombination von Sulfonylharnstoffen oder Insulin ein erhöhtes Hypoglykämierisiko festgestellt. Weil der Nutzen und die Risiken aufgrund der geringen Datenlage noch umstritten sind, wird dieses Medikament als dritte Wahl angesehen, wenn Unverträglichkeit bei den gängigen Medikamenten herrscht.[26][27]

---

24 Vgl. http://www.dzd-ev.de/diabetes-die-krankheit/therapie-des-typ-2-diabetes/dpp-4-hemmer/index.html (5.03.13)
25 Vgl. http://www.pharmazeutische-zeitung.de/index.php?id=44750 (6.03.13)
26 http://www.sindbad-mds.de/infomed/sindbad.nsf/0/4d396af5017bb245c1257b2000669f54/$FILE/201302_Forxiga_Dapagliflozin.pdf (06.03.13)
27 Vgl.http://www.diabetesinformationsdienst-muenchen.de/therapie/orale-antidiabetika/index.html (06.03.13)

Die Häufigkeit der Verschreibung bestimmter Antidiabetika in England für Typ-2-Diabetes wird in Abbildung dargestellt. Zunächst einmal wird ein allgemeiner Anstieg von oraler Antidiabetika von Dezember 2003 bis Dezember 2008 deutlich. Es handelt sich hierbei um einen Anstieg vom 4 Millionen Einheiten auf 6,5 Millionen, was einem Wachstum von 60 Prozent entspricht. Dies deckt sich aufgrund der ungesunden Lebensweise der Bewohner von Industrieländern mit der steigende Anzahl an Typ-2-Diabetikern, welche natürlich auch behandelt werden müssen. Die Behandlung mit Metformin hat wegen der geringen Kosten, der Langzeiterprobung dieser Medikamentenklasse und seiner Wirkungsweise mit wenig Nebenwirkungen und Kontraindikationen immer mehr an Bedeutung gewonnen und stellte 2008 mit 3 Millionen Einheiten fast die Hälfte aller für Typ-2-Diabetes verschriebene Antidiabetika dar. Sulfynolharnstoffe, die zweitgrößte Gruppe, hatten dagegen mit 1,7 Millionen verschriebenen Einheiten nur einen Anteil von ungefähr 25 %, wohingegen die restlichen oralen Antidiabetika einer viel geringere Bedeutung haben. Die verschiedenen Formen der Insuline, welche als letztes Mittel auch bei Typ2-Diabetes eingesetzt werden, sind als nicht-orale Antidiabetika mit einem Anteil von 15 Prozent über die Jahre 2003-2008 konstant geblieben.

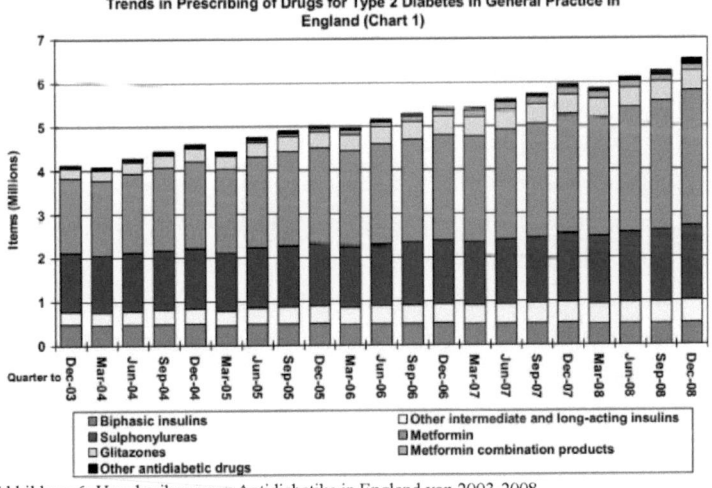

Abbildung 6: Verschreibung von Antidiabetika in England von 2003-2008

	Betazellen des Pankreas (Insulinproduktion)	Alphazellen des Pankreas (Glukagonproduktion)	Darm	Zellwände (Insulinresistenz)	Leber (Glukoseproduktion)	Nieren
Alpha-Glukosidase-Hemmer			✓			
Biguanide (Metformin)			✓	✓	✓	
Glitazone				✓		
DPP-4-Hemmer		✓	✓		✓	
Sulfonylharnstoffe und Glinide	✓					
SGLT-2-Hemmer						✓

Abbildung 7: Tabellarische Zusammenfassung der Wirkungsweise verschiedener Antidiabetika

7.3.2. Metformin

Die erste Wahl ist bei den meist übergewichtigen Patienten Metformin, da dieses Medikament der Biguanide die Aufnahme von Glukose in die Zielzellen erleichtert und die aufgrund von Insulinresistenz gesteigerte Glukoneogenese hemmt. Dies Wirkungsweise wurden in klinischen Studien herausgefunden, jedoch ist das molekulare Wirkprinzip noch ungeklärt. Als Folge kommt es zu einer Absenkung der Nüchternblutglucose-Konzentrationen und zu einer Appetit hemmenden Wirkung, jedoch kann es nicht zu einer Hypoglykämie führen.[28] Durch die Einnahme von Metformin kann der HbA1c-Wert im Mittel um ein Prozent und das Körpergewicht um 1 bis 2 kg reduziert werden. Verschiedene Studien zeigen, dass das Krebsrisiko von Typ-2-Diabetikern durch Einnahme des Medikaments reduziert werden kann.[29] Aufgrund von Kontraindikatoren, wie Niereninsuffizienz, Leberversagen oder Alkoholismus, kann auch auf Sulfonylharnstoffe ausgewichen werden, da sonst im schlimmsten Fall eine lebensbedrohliche Laktataziodose auftreten kann.

7.3.3. Sulfynolharnstoffe

Die Sulfonylharnstoffe sind die zweithäufigste eingesetzte Gruppe Antidiabetika, welche in Kombination oder ausschließlich angewendet die Insulinausschüttung der β-Zellen im Pankreas unabhängig von dem Blutzuckerspiegel stimulieren. Sie gehören zu den Kaliumkanalblockern, da sie die ATP sensitivien Kaliumkanäle blockieren und somit eine erhöhte ATP-Konzentration simulieren. Als Folge der Kaliumkanalblockade depolarisiert sich die Zelllmembran, die Kalziumkanäle öffnen sich und Kalzium-Ionen

---

28 Jörgens, Viktor ; Grüßer, Monika ; Kronsbein, Peter: Wie behandele ich meinen Diabetes : für Typ-2-Diabetiker, die nicht Insulin spritzen. 20. Auflage. Mainz: Kirchheim + Co. GmbH, 2005. S.96
29 http://www.aerzteblatt.de/nachrichten/49930/Warum-Aspirin-und-Metformin-vor-Krebs-schuetzen (09.03.13)

fließen in die Zelle. Durch eine erhöhte Kalziumkonzentration in der Zell wird das in den Speichervesikeln enthaltene Insulin freigestzt. Die Wirksamkeit von Sulfonylharnstoffen ist jedoch begrenzt und entfaltet seine Wirkung nur bei jedem fünften Patienten, und setzt bei jedem zweiten im Verlauf der Behandlung, sogar aus. Da diese Medikamentenklasse die Insulinproduktion stimuliert, muss der Körper noch selber in der Lage, sein dieses Hormon bereitzustellen, weshalb die Einnahme bei Typ-1-Diabetes kontraindiziert ist. Auch bei einer schweren Leber- und Niereninsuffizienz und bei einem koronaren Leiden wird von der Einnahme der Medikamente abgeraten.[30] Eine übermäßige Einnahme des Medikaments bei gleichzeitigen verminderter Kohlenhydrataufnahme kann es zu einer Hypoglykämie führen.

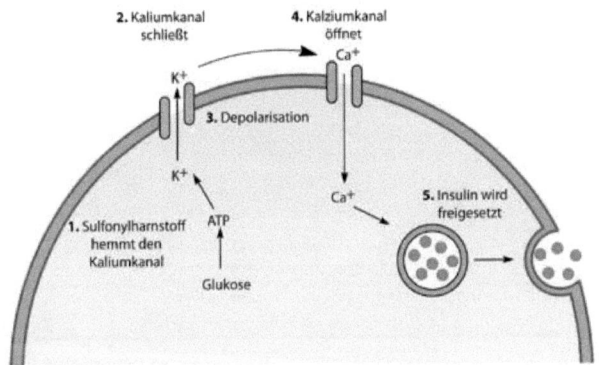

Abbildung 8: Wirkungsmechanismus von Sulyfynolharnstoffen in der Zelle

7.4.Behandlung mit Insulin

7.4.1.Konventionelle Insulintherapie

Bei der Konventionelle Insulintherapie wird eine Mischung aus Intermediärinsulin (70-75 %) und Normalinsulin (25-30%) zu festgesetzten Mengen und Zeiten gespritzt. Das Mischinsulin wird vor den Mahlzeiten zwei bis drei mal am Tag gespritzt, wobei zwei Drittel des Insulinbedarfs vor dem Frühstück und der der Rest vor dem Abendessen injiziert wird. Während das Normalinsulin zum Abbau des durch das Frühstück oder Abendessen schnell und stark ansteigenden Blutzuckerspiegels gedacht ist, soll das Intermediärinsulin für eine Regulierung des Blutzuckerspiegel über den ganzen Tag beziehungsweise die Nacht sorgen, wobei die maximale Konzentration des Intermediärinsulins um 13:30 Uhr für das Mittagessen verantwortlich ist. Deshalb muss

---

30 http://www.aerzteblatt.de/nachrichten/39222 (09.03.13)

das Mischinsulin eine halbe Stunde vor dem Essen eingenommen werden, und es ist eine häufige Nahrungsaufnahme in Form von Zwischenmahlzeiten notwendig, um eine Hypoglykämie zu vermeiden. Problematisch ist bei der abendlichen Gabe von Insulin, dass die Menge oft nicht ausreichend ist um dem Dawn-Phänomen entgegenzuwirken, wogegen aber das Verhältnis des Mischinsulins zugunsten das Intermediärinsulins verändert werden kann.[31] Aufgrund das wenig flexiblen Behandlungskonzept, bei welchem der Patient zwar seltener seinen Blutzuckerspiegel messen und die Insulindosis anpassen muss, aber im Bereich der Ernährung und Bewegung stark eingeschränkt ist, wird die konventionelle Insulintherapie nur noch bei einer Minderheit der Diabetiker angewendet. Dazu zählen vorallem Typ-1 und Typ-2-Diabetiker, die aus unterschiedlichen Gründen nicht mit der intensiven Insulintherapie zurechtkommen, z.B. ältere Personen, welche nicht in der Lage sind mehrfach täglich den Blutzuckerspiegel zu messen und die Insulindosis anzupassen.[32]

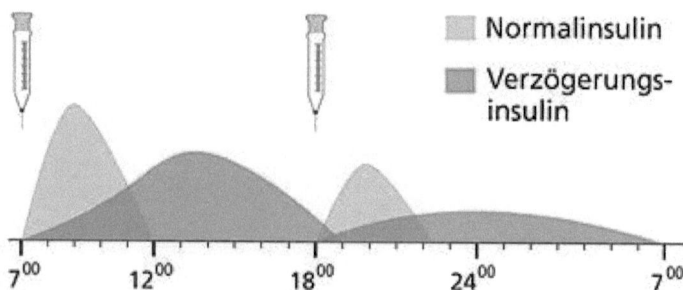

Abbildung 9: Insulinlevel und Insulineinahme bei der Konventionellen Insulintherapie

7.4.2.Intensivierte Konventionelle Insulintherapie (ICT)

Die Intensivierte Insulintherapie(ICT), welcher der Funktionelle Insulintherapie (FIT) sehr ähnlich ist, hat das Ziel eine Normoglykämie zu erreichen, indem der Patient selbständig die Dosis der zwei unterschiedlich schnell wirkenden Insulintypen auswählt und sich diese injiziert. Es ist die bevorzugte Insulintherapie für Typ-1-Diabetiker. Für Typ-2-Diabetiker ist sie jedoch, nur als letztes Mittel gedacht, da bei dieser Art der Diabeteserkrankung ein relativer und kein absoluter Insulinmangel vorherrscht. Das sogenannte Basis-Bolus Konzept basiert auf der Gabe von zwei separaten Spritzen an vier verschieden Zeitpunkten des Tages. Je nach Blutzuckerspiegel, welcher von dem

---

31 Vgl. Mehnert, Hellmut ; Standl, Eberhard ; Usadel, Klaus-Henning ; Häring, Hans - Ulrich: Diabetologie in Klinik und Praxis . 5. Ausgabe. Stuttgart: Georg Thieme Verlag, 2003. S. 252f.
32 http://www.diabetes-heute.uni-duesseldorf.de/wasistdiabetes/behandlunginsulin/index.html? TextID=1795 (09.03.13)

Patienten mindestens viermal am Tag gemessen werden muss, körperliche Aktivität, Grad der Erkrankung und Alter, muss die Menge von Basalinsulin (Verzögerungsinsulin) und Bolusinsulin (Normalinsulin) angepasst werden. Das schnell wirkende Bolusinsulin muss hierbei einige Minuten bis zu einer halben Stunde, je nach Art des Bolusinsulins, vor jeder der drei Hauptmahlzeit gespritzt werden. Dies ist notwendig um die anfallende stark vermehrte Kohlenhydrat- und damit Glukoseaufnahme zu regulieren. Dadurch kommt es ungefähr eine Stunde nach der Nahrungsaufnahme zu einem Peak von Bolusinsulin (siehe Abbildung). Die Dosis des Bolusinsulins, auf welches 50-60 Prozent der gespritzten Tagesdosis entfällt, muss der geschätzten Kohlenhydratemenge des Mahlzeit angepasst werden. Zeitgleich mit der morgendlichen Einnahme des Bolusinsulins wird das über einen langen Zeitraum wirkende Basalinsulin injiziert, um den auch zwischen den Mahlzeiten anfallenden Bedarf über den Tag zu decken. Wie in der Abbildung zu erkennen ist, erfolgt die Injektion Basalinsulin und Bolusinsulin am Abend zeitlich getrennt, wobei das Bolusinsulin wieder für die Regulierung des Blutzuckerspiegels nach dem Abendessen zuständig ist, aber das Basalinsulin jedoch vor dem Schlafen gehen um 22:00 Uhr eingenommen wird. Durch die insgesamt flexiblere bedarfsorientiertere Versorgung mit Insulin entspricht diese Form der Therapie dem natürlichen Tagesrhythmus, und die natürliche Insulinsekretion wird am besten nachgeahmt. Durch Klinische Studien heben belegt, dass so am besten Folgeerkrankungen von Diabetes melitus vermieden werden können.[33]

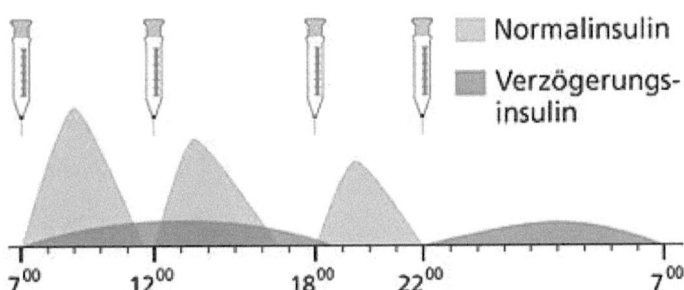

Abbildung 10: Insulinlevel und Insulineinahme bei der Intensivierten Konventionellen Insulintherapie

33 Vgl. Häussler, Bertam ; Hagenmeyer, Ernst-Günter ; Storz, Philipp ; Jessel, Sandra : Weißbuch Diabetes in Deutschland : Bestandsaufnahme und Zukunftsperspektiven der Versorgung einer Volkskrankheit . 1. Auflage. Stuttgart: Georg Thieme Verlag, 2006. S.12

7.4.3.Insulinpumpe

Alternative zu Injektion des Insulins durch eine Spritze oder eines Insulin-Pens kann dieses Protein durch eine programmierbare Pumpe (engl.: continuous subcutaneous insulin infusion, abgekürzt CSII) mehrfach am Tag subkutan verabreicht werden. Die Therapie ist der Intensivierten

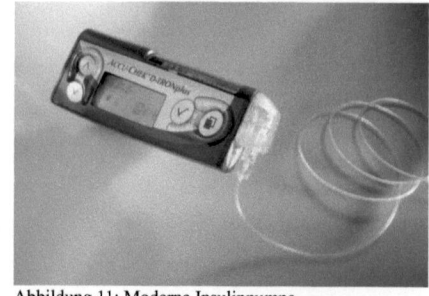

Abbildung 11: Moderne Insulinpumpe

konventionellen Insulintherapie (ICT) sehr ähnlich, sodass es auch ein Basis- und Bolusinsulin gibt, und der Patient die Menge an Insulin zumindest teilweise mit seiner Nahrung abstimmen muss. Die Anpassung des Menge des Bolusinsulins durch manuelle Blutzuckermessung ist notwendig, da solche Pumpen den Blutzuckerspiegel nicht selbständig messen, und dadurch nicht auf den eigentlichen Blutzuckerspiegel die Injektionen angepasst wird. Das Basisinsulin wird ohne Zutun des Patienten in einer fest programmierten Menge automatisch freigesetzt, da der Grundbedarf an Insulin auch bei körperlicher Bewegung nur geringfügig schwankt.[34] Aufgrund der mit 3600 Euro im Jahr doppelt so hohen Kosten dieser Therapieform im Vergleich zur ICT müssen bestimmte Indikatoren erfüllt werden, um die CSII rechtfertigen. Dazu zählen unter anderem das Dawn-Phänomen, hohe Insulinsensitivität und somit ein geringer Insulinbedarfbedarf, eine fehlende Hypoglykämiewahrnehmung oder berufliche Gründe wie Schichtdienst o.Ä.. Eine weitere Voraussetzung ist, dass der Patient mit der ICT vertraut ist im Falle eines technischen Defekts der Pumpe und die ICT anwenden kann. Die erhöhte Flexibilität der Tagesplanung, der bessere Schutz gegen eine Hypoglkämie und der geringere Aufwand stehen den Nachteilen wie der Notwendigkeit die Pumpe immer bei sich zu tragen und einer großen Disziplin beim Ampulen- und Katheterwechsel gegenüber.[35]

8.Fazit

Während bei Typ-1-Diabetes nur wenig Möglichkeiten zur Prophylaxe bestehen, kann Typ-2-Diabetes mit einer richtigen Lebens- und Ernährungsweise entgegengewirkt werden. Zwar gibt es bei Typ-1-Diabetes Risikofaktoren, wie ein frühzeitiger Glutenverzehr, eine bakterienarme Umgebung oder der Kaiserschnitt, jedoch ist der

---

34 Vgl. Geisler S. 469
35 http://www.pharmazeutische-zeitung.de/index.php?id=7260 (02.05.13)

Einfluss auf die eigentliche Entwicklung und Ausprägung von Diabetes sehr gering und schwer absehbar. Zudem lassen sich bestimmte Virengruppen, welche als Auslöser für diese Autoimmunkrankheit fungieren können, mühsam vermeiden, wodurch insgesamt die Prophylaxe von Typ-1-Diabetes sehr erschwert, beziehungsweise fast unmöglich wird. Dagegen bestehen bei Typ-2-Diabetes trotz der auch hier herschenden genetischen Komponente, viele Möglichkeiten der Prävention. Die wichtigste Maßnahme ist eine gesunde ausgewogene Ernährung, da Körperfett, insbesonders viszerales Fett, die Entstehung und Ausprägung von Typ-2-Diabetes begünstigt. Zudem kann mit körperlicher Bewegung dieser Stoffwechselerkrankung, auch im hohen Alter entgegengetreten werden.

Nicht nur in der Behandlung unterscheiden sich Typ-1-Diabetes und Typ-2-Diabetes in, sondern auch in den Therapiezielen und -ansätze unterscheiden sich die beiden Typen eklatant. Während bei beiden Arten des Diabetes die Insulintherapie zur Anwendung kommen kann, besteht bei Typ-2-Diabetes zusätzlich die Möglichkeit der diabetischen Diät und der medikamentösen Therapie. Aufgrund der diabetischen Diät sind, abgesehen von den Blutzuckerwerten, viele andere physiologische Werte für die Therapie wichtig. Dadurch ist die Behandlung von Typ-2-Diabetes deutlich variabler, sodass unterschiedliche Behandlungsansätze je nach Ausprägung der Krankheit existieren. Eine Heilung von Diabetes mellitus ist derzeit nicht möglich.

9.Literaturverzeichnis

-Geisler, Linus: Innere Medizin: Lehrbuch für Pflegeberufe. 19. Auflage. Stuttgart: W. Kohlhammer Verlag, 2006.

-Psychrembel, Willibald: Pschyrembel Klinisches Wörterbuch Buch. 262. Auflage. Boston: DE GRUYTER, 2010.

-Mehnert, Hellmut ; Standl, Eberhard ; Usadel, Klaus-Henning ; Häring, Hans - Ulrich: Diabetologie in Klinik und Praxis . 5. Ausgabe. Stuttgart: Georg Thieme Verlag, 2003.

-Häussler, Bertam ; Hagenmeyer, Ernst-Günter ; Storz, Philipp ; Jessel, Sandra : Weißbuch Diabetes in Deutschland : Bestandsaufnahme und Zukunftsperspektiven der Versorgung einer Volkskrankheit . 1. Auflage. Stuttgart: Georg Thieme Verlag, 2006.

-Schoppmeyer, Maria-Anna: Innere Medizin : Prüfungswissen für Pflegeberufe. 3. Auflage. München: Urban und Fischer, 2003.

-Grönemeyer, Dietrich: Grönemeyers neues Hausbuch der Gesundheit. 4. Auflage. Reinbek bei Hamburg: Rowohlt, 2008.

-Jörgens, Viktor ; Grüßer, Monika ; Kronsbein, Peter: Wie behandele ich meinen Diabetes : für Typ-2-Diabetiker, die nicht Insulin spritzen. 20. Auflage. Mainz: Kirchheim + Co. GmbH, 2005.

Bilder

Abbildung 1: http://www.welt.de/img/gesundheit/origs101887280/0659727328-w900-h600/Diabetes-Weltkarte-DW-Wissenschaft-Berlin.jpg (10.04.13)

Abbildung 2: http://dtc.ucsf.edu/types-of-diabetes/type1/understanding-type-1-diabetes/what-is-type-1-diabetes/ (27.02.13)

Abbildung 3:http://dtc.ucsf.edu/types-of-diabetes/type2/understanding-type-2-diabetes/what-is-type-2-diabetes/ (27.02.13)

Abbildung 4:http://www.imdoderland.de/filesv/diabetologie_praxisempfehlungen_ddg_2011.pdf (27.02.13)

Abbildung 5: Geisler, Linus: Innere Medizin: Lehrbuch für Pflegeberufe. 19. Auflage. Stuttgart: W. Kohlhammer Verlag, 2006. S.487

Abbildung 6:http://www.nhsbsa.nhs.uk/Documents/Prescribing_Review_Jan_-_Mar_09_Type_2_Diabetes.pdf (22.04.13)

Abbildung 7:Modifiziert nach http://www.dzd-ev.de/diabetes-die-krankheit/therapie-des-typ-2-diabetes/medikamente-zur-diabetesbehandlung/index.html (16.03.13)

Abbildung 8: http://www.dzd-ev.de/diabetes-die-krankheit/therapie-des-typ-2-

diabetes/sulfonylharnstoffe-und-glinide/index.html (03.03.13)

Abbildung 9+10:http://www.internisten-im-netz.de/de_typ-1-diabetes-behandlung_237.html (14.03.13)

Abbildung 11: http://www.roche.com/pages/downloads/photosel/050525/original/p0025.jpg (20.03.13)